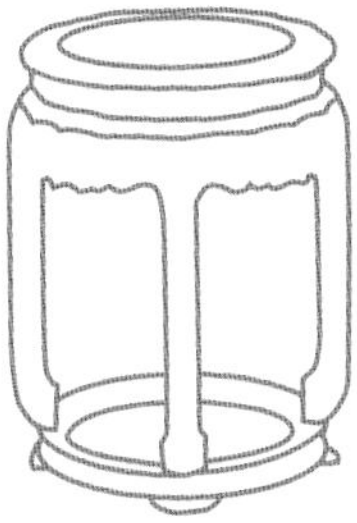

坐具的文明

THE CULTURE OF CHINESE SEAT

马未都 编著

上海古籍出版社

目　录

看短视频书 听马未都说

马未都先生臻选本书收录的观复博物馆藏坐具十品，用睿智的语言，为读者朋友们讲述文物背后的故事。

扫描文末二维码即可观看。

坐具的文明

我们今天坐在椅子上不过是个偶然。黄河、长江两大流域养育了中华民族，我们的先民在早期文明的活动中席地而坐，随遇而安。坐的姿态在中华文明中一直要求甚严，成语中有“正襟危坐”，俗语中有“站有站相，坐有坐相”，都对坐姿提出了超越舒适的要求，使之上升为社会礼仪。

人类的起居方式以坐姿为准，两千年前，人类文明昌盛的两大板块——亚欧大陆有着截然不同的两种起居方式，即亚洲的席地坐与欧洲的垂足坐。究其原因，应与气候相关。亚洲大陆的气候相对干燥多风，欧洲大陆相对潮湿阴冷，独特的自然环境可能是制约人类坐姿的首要条件。坐、卧、立、行这四个人类的基本形态，前两者为休息，后两者为劳动；在坐卧休息中，坐为有意识，卧为无意识，这就是起居方式为什么以坐姿为标准的原因。

起居习俗是一种基础文化，许多文化由此派生。在亚洲席地坐的民族（国家）里，两千多年来，只有我们中华民族彻底告别了席地而坐的习俗，变为垂足坐，而且这一学习来的习俗已延续千年以上。亚洲的其他国家，如日本、朝鲜、韩国、印度、尼泊尔、泰国、孟加拉、缅甸、蒙古，都还习惯于回家坐在地上，享受着古老的起居习俗。

而我们，只有在文化中残存着席地坐的痕迹，还不经意地保留了席地坐时养成的意识，尤其在语言文字里对席地坐保留了情感，所有这些都是我们曾经有过那样一段文明史的证据，这些证据小处证明了中华民族海纳百川的襟怀，大处则证明了中华古老文明为何在四大文明古国中独行今日。

坐 姿

·席坐·

席是中国最古老的家具，在席出现之前，可以想见古人使用的家具一定都是天然的，一块石头，一段树杈，都可能为古人居家所用，成为家具的前身。席的出现，是人类家具由天然向人工迈进的第一步。

无论我们今天多么文明，远古时代的人类也是穴居或巢居。庄子为巢居作过解释："古者禽兽多而人少，于是民皆巢居以避之。昼拾橡栗，暮栖木上，故命之曰有巢氏之民。"（《庄子·盗跖》）做巢乃禽兽之本能，早期人类具有此本能顺理成章。在巢穴之中，杂草、树叶、羽毛、兽皮都可用来坐卧铺垫，取暖避寒，使生活变得舒适。古人"食草木之实、鸟兽之肉……衣其羽皮"（《礼记·礼运》），正是提高生存质量的行为。在"衣其羽皮"的时代，"铺其草叶"就不再是推论，人类早期生活将坐卧处的草叶加以整理，正是向编织草席迈出的可喜一步。

在旧石器时代的晚期，即将迈入新石器时代文明的北京山顶洞人就使用了磨制精美的骨针和骨锥，这两种工具的发明，客观地证明了当时人类的缝纫技术。缝纫是一种最早发明的物质连接技术，至今人类的服装以及铺盖还基本运用此技术，未作本质上的改变。

软性物质的连接在缝纫之外就是编织技术。编织与缝纫不同，它不需要借助工具，所以目前我们尚未找到有力证据，证明早期人类开始使用“席”的确切年代；如果没有实物证据，只好借助逻辑证明，当原始人类已有磨制骨针的技术，又有连接软性物质的本领时，编织技术将不再遥远漫漶，结草成席正是人类迈向文明的必要一步。

早期人类与动物一样，都是贪图安逸的，生命的目的就是吃，没有精神需求。我们可以从动物的巢穴中得到启发，聪明的人类只会强于禽兽，不可能连禽兽的生存技巧都不如。看看自然界中的飞禽走兽，人类受其启发理所当然。

新石器时代的人类已具有了烧制陶器的技术，人工容器的出现大大地改善了人类生活的质量。人类“家”的概念日益增强，同时，家中之具的概念亦日渐兴起，所有的早期陶器都可以视为“家具”，任何器具的使用都在帮助人类摆脱愚昧，走向文明。黄河流域（仰韶文化、马家窑文化）发现的大量新石器时代人类居住痕迹，已充分再现了当时人类的居住环境；而长江流域河姆渡文化的“干阑式”小屋，出现了“榫”这样复杂的木制结构，并开始有漆的使用。

席的证据在此出现，变得直接。对人类早期使用的席为蒲草芦苇一类的推测，在河姆渡文化得到了充分印证。遗存中席的出现从数量到质量都颇让考古学家满意，甚至有的席刚出土时还保持着非常新鲜的芦苇本色。虽然这些席无一完整，但最大的一片已有1平方米以上，足以清晰地见证中华民族最早的家具风采。这些席，编织技巧复杂多样，枝条剖割齐整，宽度误差不大，厚薄均匀，显示出7000年前新石器时代人工技艺的最高水准。

在这之后，席的证据变得比比皆是。尤其是中华文明的另一支大军——陶瓷，间接地对“席”的艺术应用，这就是席纹陶器的出现（图1、

图1 良渚文化 **席纹黑陶壶** ｜ 图2 西周 **席纹釉陶四系尊**

图2），是席的强有力的证据。用在早期陶器上的印刻纹饰不外乎席纹、篦纹、弦纹、点状纹或几何纹等，所有纹饰的应用理论上都是生活的具体反映，人类编织出来的美丽之席显然会对其他领域产生影响。

席作为中华民族的先人所使用的最为广泛的家具，长久地占据家居领地，进入奴隶社会后，席开始分类，变得精巧；由于席的进步与文化内涵的赋予，席开始出现等级。

几乎所有记载礼仪的古籍都对席之地位有所描述。原因显而易见，我们的祖先“席地而坐”，坐姿在社会礼仪中居首位。今天全世界范围之内各民族重要、正式的社交，绝大多数都以坐姿为准，仅有少数原始部落不坐而卧。

奴隶社会后期的西周时期，面临奴隶制度解体的压力，统治阶级于是在控制社会安定上颇费心思。《周礼》严格地制定了“五席”制度，其制度繁缛呆板，不得僭越，这五席是莞席、缫席、次席、蒲席、熊席；五席仅限于社交之用，丧葬另备苇席和荻席。在过去数千年的社会中，穷人即使薄葬亦裹一席，追根寻源自西周制度始。

五席制度相关记载遍及《尚书》《礼记》等古籍，天子与诸侯、天

图3 东晋 顾恺之《列女仁智图》（局部） 故宫博物院藏

图4 唐 孙位《高逸图》（局部） 上海博物馆藏

子与国宾、诸侯与国宾之间均设规定限制席的使用。这些制度的实施，对席的地位产生了巨大的作用，使之从单纯的家具上升为社会等级的标志，赋予席新的内涵，席随之由家具的实体上升为精神的寄托。

大量词汇由此产生。主席、筵席、台席、席宠、席次、席位等，都表明词汇产生时的文化背景，表明席在古代的重要程度。这个重要程度是缘于社交礼仪的需要，缘于等级制度的建立与完善，继而成为中华文明的精神财富载入史册（图3、图4）。

由于古代席的品种复杂，尺寸不一，规矩便由此产生。《礼记》规定："群居五人则长者必异席。"长者为尊，尊者异席，这就是"主席"一词的来源。席地坐的中华民族为其尊者早在两千多年前就制定了如此尊贵的原则，强调礼之重要，而为人臣者则"席不正不坐"，"君赐食，必正席，先尝之"（《论语》）。

席在中国古人的起居中曾长久地扮演着重要角色，作为主要家具，其生命至少延续了五千年以上，对中华民族文化产生过巨大的影响。《诗经·小雅》有"下莞上簟，乃安斯寝"的美妙之句；唐诗也有"步武离台席，徊翔集帝梧”（刘禹锡《赠杨尚书》）的形象描绘；在礼崩乐坏的战国时代，孔子曾担忧地说：“席而无上下，则乱于席次矣。”（《孔子家语·问玉》）所有这些，明面上与“席”有关，实际上还是来自中华民族早期起居文化的深刻影响，尤其起居文化中的坐姿，最终成为礼仪文化的规定，使中国古人由“坐”发展为“会坐”，由“会坐”发展为“规定坐”，由“规定坐”衍生出社会礼仪中的贵族行为。

·跽坐·

双膝着地，上身挺直，两足并拢以足跟抵臀。今天几乎已没人按此规矩长坐了。可跽坐曾长久为中国古人之坐姿，等级颇高。庄子那样逍遥的人也说：“擎跽曲拳，人臣之礼也。”（《庄子·人间世》）执笏而长跪，鞠躬而抱拳，乃作为臣子必备之礼节。鸿门宴中，项羽面对樊哙的闯入：“按剑而跽曰：客何为者？”（《史记·项羽本纪》）可见人物身份有高低，规矩无高低，跽坐由席地坐而生，构成国人早期起居文化的主要章节。

国人熟知的河北满城中山靖王刘胜之妻窦绾墓出土的铜鎏金“长信宫灯”（图5），宫女跽坐，左手托底座，右手执灯，梳髻覆帼，长衣跣足，一副庄重之姿，可以说此执灯宫女之跽乃汉代宫廷规矩之写照，一丝不苟，为两千余年后彻底告别了跽坐的国人提供了最为真实的历史生活写照。与此相映照的还有西汉景帝汉阳陵出土的跽坐侍女俑（图6），表情斯文，神态矜持，双手空执向前，虽环境已失，仍能看出西汉起居文化礼仪严谨，女俑虽死犹生，准确地传达着两千多年前的中国人所处的

图5 汉 **长信宫灯** 河北博物院藏

人文环境。

跽坐的消亡与家具的革命有着密不可分的联系。汉唐之际，不仅是家具文化的变革期，更是起居文化的变革期。中国人在西域文化潜移默化的影响下，敞开胸怀，吸收并消纳了其他民族带给我们的新鲜观念，由低坐演化为高坐，尽管这一道路漫长，但国人努力不懈，至唐跽坐彻底消失。

·箕坐·

箕坐指双腿前伸略分，呈簸箕状，故名（图7）。箕坐在汉代之前被视为无礼之举，其姿势不雅。《礼记·曲礼》明确指示："游毋倨，立毋跛，坐毋箕，寝毋伏。"这就是说行动的时候不要过于傲慢，站着的

图6 汉 **跽坐女俑** 陕西省汉阳陵博物馆藏 | 图7 汉 **箕坐杂耍俑**

时候不要重心在一只脚上，坐的时候切忌两腿前伸，睡觉时不要趴着。古人的规矩显然比今人多而繁杂，为坐、卧、立、行立下规矩不仅为自己，而更多是为后人垂范，不依规矩，难成方圆。

箕坐在汉代被视为失礼，历来为皇室贵族不齿。秦统一六国后，知岭南富庶，于秦始皇三年（公元前219年）派遣50万大军一举拿下岭南。赵佗为大军将领，他原本为中原河北（正定）人，奉秦始皇之命执行“汉越杂处”政策，使岭南政局逐渐恢复平静。时间未久，秦始皇病故，中原陈胜、吴广揭竿而起，赵佗天运时佳，拥兵自守，立国称王，时年公元前203年。这是岭南地区在中国历史上第一个出现的国家政权，史称南越。

赵佗称王南越，与汉朝对峙长达近一个世纪，赵佗本人神奇地成为中国历史上在位时间最长的帝王，达67年之久，其寿逾百岁。就是这个赵佗，东汉王充在《论衡・率性》中清晰记录：南越王赵佗“本汉贤人也，化南夷之俗，背畔（叛）王制，椎髻箕坐，好之若性”。王充站在中原正统批判南夷之俗——“箕坐”，无非是说赵佗身为王者，行却不端，非礼制而已。

今广州发掘的南越王墓乃赵佗之孙赵眜之陵寝，此墓从未被搅扰，出土文物众多，最著名的就是“文帝行玺”金印，侧面佐证了其祖父的武帝身份。赵佗偏安一隅，称王称帝，显然过着舒心的日子，一个中原将领，心甘情愿地在蛮夷之地——南越生活了67年，改变了中原政权繁文缛节的礼仪，改跽坐为箕坐，不仅仅为舒适，更多是地方文化对汉文化的启示，历史的厚重不单单表现在史书提及的改朝换代之事，而更多地存在于细节之中。

西汉文景之治国家昌盛，淮南王刘安编撰《淮南子》一书，汉武帝即位之初，刘安进献朝廷。在《齐俗》篇中，编者寄予情感：“胡、貉、匈奴之国，纵体拖发，箕倨反言，而国不亡者，未必无礼也。”箕倨坐姿轻慢，不拘礼节，至汉时实为非礼，但《淮南子》给予客观评价，可见汉代统治者之心胸，汉民族之宽容。

·趺坐·

佛教传入中国后，一种新型坐姿开始影响中国人，这就是趺坐。佛教术语为“结跏趺坐”。双足交叉，脚背置于左右股上，称之全跏趺；单以左足压右股之上，或以右足压左股之上，称之半跏趺。佛经讲，跏趺能减少妄念，集中思想（图8）。

佛教的传入对中国人影响至深。一般人看待佛教需仰视，尤其佛教本不以和私生活息息相关为教义，佛造像都以巨身向百姓传达其深邃之思想。在佛教进入中原地区的最初几百年间，也正是国人从席地坐转向

图8 南朝梁 **释迦佛坐像** 四川博物院藏

垂足坐的过渡时期，我们今天不能简单地将其解释为巧合，这其中即使没有必然的联系，也应有启迪式的关联。

早期的佛像大都呈立姿，坐姿多以“垂足坐”示人（图9、图10）。在宗教高高在上的古代，佛坐姿给了国人启示，让长期席地而坐的汉民族知道了世上还有另外一种坐姿——垂足而坐。也许这种启迪开始影响中国人，加上北方游牧民族带来了胡床——马扎，让国人眼界大开，国人的宽容和愿意学习的精神，让本不属于中国人的垂足之坐悄悄在中国的大地上生根发芽。

汉唐之际，几百年间国人完成了由席地坐转向垂足坐的过程，国宝《韩熙载夜宴图》对此作了最为详尽的阐释。韩熙载三坐两站，三坐均未垂足，尤其又以半跏趺坐姿坐在椅子上（图11），暗暗体现了身份的高贵

图9 北周 **坐佛** 甘肃敦煌莫高窟　图10 北凉 **弥勒菩萨** 甘肃敦煌莫高窟

与主人的随意。

国人在坐姿上的改变与佛教传入中原的佛像坐姿形态呈逆向发展，国人从席地低坐逐渐去适应，最终改为垂足高坐，至宋定型；而佛坐姿从早期大部分的垂足坐向跏趺坐明显转化，至唐风行。这是一个奇特的文化现象，称之为文化转换，在转换中相互汲取营养。由于跏趺坐为佛教之形式，高深奥妙，陆游有诗曰："香奁赠别非无意，共约跏趺看此心。"（《别王伯高》）

在漫长的席地坐改为垂足坐的过程中，传统观念与礼仪都有所改变，坐具的出现，让国人不再以"席"为社交标准。宋人庄季裕在其《鸡肋编》中有如下描述："古人坐席，故以伸足为箕倨。今世坐榻，乃垂足为礼，盖相反矣。"与这段文字相映成趣的也是宋人记载，洪迈在《夷坚甲志·叶若谷》中有生动的描述："一老妪自外至，手持钱篋，据胡床箕踞而坐，傍（旁）若无人。"这段生活小照，将妇人之随

图11 五代 顾闳中《韩熙载夜宴图》（局部）故宫博物院藏

意以动态示人。

宋代的佛造像中常见自在像，多为自在观音菩萨，一腿趺坐，一腿散坐，惯常称之自在像。自在本是佛教境界，以心离烦恼之束缚，通达无碍为自在（图12）。这一坐姿在佛教中所传达的宗教精神大大贴近凡人，可平视，可理解，故流行于宋金时期。宋代是一个世俗风行的时代，宫廷与百姓的要求差异明显，宫廷注重精神修养，北宋徽宗时期尤甚；百姓却热衷生活的一般乐趣，改善起居，注重家具改良。

坐 具

席作为坐具在汉代是一个转折期。所有的汉画像砖、画像石提供的证据都表明战国到汉代时床、榻、枰的出现并具备一定功能。汉民族席

图12 宋 **观音自在坐像** 观复博物馆藏

地而坐卧，床、榻、枰这三类家具与席同样具有坐卧功能，它们的出现也就顺理成章。

席之后首先出现的是床，兼有双重功能，与席相同。汉刘熙《释名·释床帐》指出：“人所坐卧曰床。”而许慎在《说文解字》中只有“床，安身之坐者”单一的解释，由此可见床在初期坐的功能明显大于卧的功能。

榻的出现或许是家具分类的雏形。刘熙的解释同样明确：“床长狭而卑曰榻，言其榻（塌）然近地也。”许慎解释沿用“床”条，直接释榻为“床也”。榻的功能仍以坐为主，大量的同期画像提供了判断依据。战国至秦汉，诸子百家思想尖锐，四方游说，促使强调等级的坐具

图13 宋 《**孝经图**》（**局部**）辽宁省博物馆藏 ｜ 图14 明 **黄花梨榻** 美国明那波里斯博物馆藏

发展，枰应运而生。枰比床榻略小，仅容一人独坐。《释名·释床帐》解：“枰，平也，以板作之，其体平正也。”床小为榻，榻小为枰，床、榻、枰尺寸依次递减，功能却依次提高，变得明确。比如：枰又曰独坐，独坐自古就是身份显贵的象征。

坐具的演变在汉之前的变化均未见实质性的，由平地到近地而已，算是一种温和的改良，并未触及中国传统起居习俗，仍以席地方式生存，坐具未能完全与卧具剥离。人坐在坐具（床、榻、枰）上仍完全保留了跽坐传统，留下的所有证据指向明确，中华民族有着漫长的席地而坐的生活史（图13、图14）。

坐具由席到床、榻、枰的进步，体现了适者生存的自然法则。即便是干燥的地区，干燥的季节，人坐在地上也不如坐在“坐具”上舒适，这种舒适基于两点，一是环境，二是身体。环境本为天然形成，人类在文明推进中不断制造人工环境，坐姿离地就是古人改造环境做的第一步努力。人的身体构造在哺乳类动物中很奇特，直立行走，下肢长于上肢，这使人类坐在地上明显不舒适。寻求舒适，是人之本能，所有家具

图15 18世纪 榆木矮榻　|　图16 明 仇英《临宋人画册》 上海博物馆藏

的发明首先是为改善人类自己的居住条件，无论床、榻、枰如何近地，有的早期矮榻离地仅十余厘米，但依然是个革命性的进步，证明了古人的聪明才智，体现了古人极强的进取心（图15、图16）。

三国时中国进入大分裂时期，长达近四百年。分裂使这一时期的文化呈现复杂的多样性。尤其佛教在这一时期迅速发展，深刻地影响着所覆盖的地区，新兴形式的坐具一反传统，出现在历史舞台上，这些坐具的出现，彻底改变了中国人的起居习惯，由席地坐真正转为垂足坐，视野一下子开阔起来。

魏晋至南北朝，史学界普遍认为这是一个光明与黑暗交织的历史时期。长达三个多世纪中，只有西晋获短暂统一。分裂、割据、混战伴随始终，人口锐减，城市与土地大面积荒芜；但中国古代的仁人志士从未忘怀大一统的汉朝，决心将天下重新归一，每一个微小的努力，最终集结成其天力，为隋唐统一奠定了基础。

这一时期是中国艺术的巅峰时刻，出现了多个艺术门类的先驱。名士有嵇康、阮籍、阮咸、山涛、向秀、王戎、刘伶，习惯称之为竹林七贤，问学议政，意味相投，青史留名。

学者葛洪著《抱朴子》，包罗万象；科学家祖冲之著《缀术》，把圆周率精确至小数点后7位；贾思勰著《齐民要术》，博采文献，恩惠百姓；书圣王羲之，作品《兰亭集序》；绘画大师顾恺之，作品《女史箴图》；文学家刘勰著《文心雕龙》，刘义庆著《世说新语》；诗人陶渊明、谢灵运、谢朓……此名单仅为魏晋南北朝时期名人雅士之部分，亦可见璀璨夺目之光。

佛教自东汉晚期传入中国，由弱及强，恩泽渐广。佛经翻译及讲授入晋日隆，名僧辈出。西晋名僧竺法护，译经达150余部；西晋永嘉四年（310年）西域龟兹寿僧佛图澄以79岁高龄抵达洛阳，后建佛寺893所，门徒万人，在116岁高龄时圆寂；东晋释道安以“释”为姓，自此始创，兢兢业业，终成一代名僧；东晋法显，曾西行求经，学习梵文，历万险千难，生生死死，著有《佛国记》，与后世唐代名僧玄奘齐名而先。

在佛教浸入汉地这样一个大文化背景之下，国人开始学习佛教之法，虔诚聆听梵音，观察佛徒举止，发现其中差异。有一种早期坐具的出现与佛教有关。筌蹄（图17），亦称筌台，亦有称筌床的，可见床为坐具对早期起居文化影响至深。《庄子·外物》中有“荃者所以在鱼，得鱼而忘荃；蹄者所以在兔，得兔而忘蹄”。荃与筌通假，为捕鱼之竹器，蹄为拦兔之网，“筌蹄”后引申为工具或手段。在佛教语言中，筌罤（蹄）乃获取佛道之途径，由此看来将其置于维摩诘、菩萨身下，表明佛道的必由之路。筌蹄在汉代之前未曾见，最初都在南北朝佛教石窟中出现，外来文化侵入特性明显。

佛以垂足示人，高高在上。散见大同云冈，洛阳龙门，甘肃敦煌、

图17 北魏 **佛像造像中的筌蹄** 山西大同云冈石窟

麦积山，早期佛之坐姿造像各异，但垂足仍为主流。庄重的佛教造像具有强烈的示范作用，影响之大足以改变芸芸众生（图18）。

中国人由此时开始高坐了，推断先在佛教信徒之间流行，继而影响扩大。欧洲古希腊、古罗马以及地中海地区的居住文化，随僧侣、商人等传入中国内地，悄悄也坚决地改变着国人几千年遗留的席地而坐的起居方式。

另一方面，游牧民族散漫的生活起居方式也影响了农耕为生的汉民族，胡床出现在汉族人的视野中，其象征意义远远大于实用意义。垂足变成了社会认可的高贵行为，垂足高坐由宗教到民间，由贵戚到平民，由城市到乡舍，逐渐形成了潮流，最终引发家具文化的大变革。

图18 北魏 **佛造像** 甘肃敦煌莫高窟

·胡床·

胡床即马扎。一个游牧民族随身携带的小小家具，带给了中国内陆的农耕民族极大的启发，让农耕民族的日常起居变得轻松，不再受“礼”之束缚。胡床的传入最早的记载为东汉晚期，“（汉）灵帝好胡服、胡帐、胡床、胡坐、胡饭、胡空侯（箜篌）、胡笛、胡舞，京都贵戚皆竞为之”（《后汉书·五行志》）。作为皇帝喜好新奇属于正常，而此信息表明胡床刚刚进入中原（图19、图20）。

三国以后，有关胡床的记载迅速增多，《三国志·魏书》引《曹瞒传》：“公将过河，前队适渡，超等奄至，公犹坐胡床不起。”曹操没想到马超的兵马神速，突然出现在自己面前，一是回不过神来，二是还有点儿顾及面子，故“犹坐胡床不起”。故事的线索明白无误地将胡床作为行动中的坐具，为尊者独享，以电影镜头般地再现场景，提示了胡

图19 明 **黄花梨马扎** 美国明那波里斯博物馆藏

图20 明 **黄花梨马扎** 上海博物馆藏

床之坐具功能。

改变中国人的起居习惯，胡床功不可没。这个由游牧民族在马背上扎捆的东西（马扎）成为中国人高坐的起点。善学的中国人从不甘心止步不前，所有新奇的东西都能在中华民族的文化中挤占一席之地。

胡床自从传入中原，担负着变革的使命，在历史的转折点，没有人意识到这个貌不惊人的家具最终使中国人告别了席地而坐，加入到垂足而坐的队列之中。胡床的小巧、可折叠、便于携带、容易制作等诸多长处，使其在居家、出游、打猎、行军当中不可或缺，大量的历史图像都向世人传达着这一信息。

尽管东汉已有文字记载，但胡床的图像资料目前只可追溯至北朝时期。河北东魏赵胡仁墓出土的女俑，右腋下夹一胡床，行为清晰；河南新乡博物馆藏东魏石刻，人物跷腿坐于胡床之上，轻松自如；山西太原北齐徐显秀墓的《出行图》壁画，一侍从肩负胡床，责任明确（图21）。南朝诗人庾肩吾《咏胡床应教》诗云："传名乃外域，入用信中京。足欹

图21 北齐《**出行图**》（**壁画局部**）山西太原徐显秀墓 | 图22 宋《**春游晚归图**》故宫博物院藏

形已正，文斜体自平。临堂对远客，命旅誓初征。何如淄馆下，淹留奉盛明。”此诗基本上就是一个胡床说明书，算是千古奇诗。文图资料指向清晰，将胡床早期传入中原记录在案，帮助今人理解古人在那漫长的文明进程中所作出的一切努力。

进入隋唐，胡床依然保留其基本面目，未作改观，墓葬壁画、石窟壁画多有出现。最多的是唐诗中大量引用，李白、杜甫、白居易都不止一次地涉及胡床，使这种外来的神奇家具亲切地融入汉文化，甚至做得天衣无缝，让千年以后的中国人都习焉不察。

白居易写道：“池上有小舟，舟中有胡床。床前有新酒，独酌还独尝。”白诗完全一幅水墨画景象，不经意间将胡床置于舟中，一个人坐其上独饮独乐。杜甫亦写道：“几回沾叶露，乘月坐胡床。”想必诗人树下独坐胡床，身上沾满露水才有感而发。至于李白的“床前明月光，疑是地上霜”，多少年来被后人误读，也说明告别历史如不留下坐标，一切都可能成为千古之谜。

图23 清《乾隆皇帝接见马戛尔尼》（局部）

图24 明 仇英《桐阴昼静图》（局部）台北故宫博物院藏

贪图安逸的宋代人将胡床适时改动，加椅圈、扶手，成之为“交椅”。宋人陶穀在《清异录》中称赞胡床“转缩须臾，重不数斤”；明人程大昌在《演繁露》也作了“敛之可挟，放之可坐”的说明；加上扶手及椅圈的交椅，在宋代图像中出现频繁，《春游晚归图》（图22）的交椅以人扛之姿出现，生动地再现交椅的独特功能。

正是由于交椅独特的“行动”功能，在出游、打猎、行军之中，德高权重者方可一坐，久而久之，“交椅”变成了中华文化中的权力象征。乾隆皇帝多次在室外接见外国使臣，屏风置后，交椅置前，权力特征一目了然（图23）。

交椅在宋人手中除了体现权力之外，还衍生出另类交椅——直背交椅。较之圆背交椅，直背更能体现休息的功能，使之呈半躺状，完全彻底地放松身体，故宋之后直背交椅又有逍遥椅、醉翁椅之称谓，顾名思义，逍遥椅、醉翁椅离权力远了，变成一副放松的世俗之象，宋元明清的绘画作品中常见，如仇英的《桐阴昼静图》（图24）。

东汉至隋唐的胡床（马扎），到了宋代逐渐改称交床，后发展为交椅，交椅慢慢生出分支逍遥椅，这之间大概走了一千年。一千年来，胡床

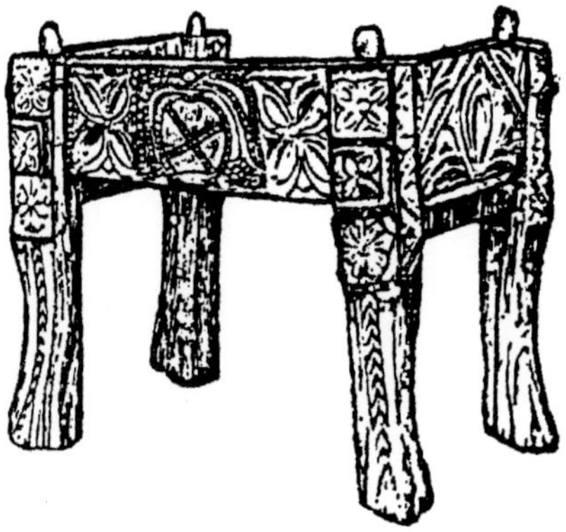

图25 木椅（线图） 新疆尼雅古城遗址出土

（马扎）几乎未变，至今在中国大街小巷随处可见；但由胡床发展出的交椅除结构还保留原始状态外，外貌已差之千里，功能增加了许多，最重要的是衍生出来了中华文化关于椅具地位的文化，交椅已不再是一种单纯的可折叠的便携椅具，它已融入浓厚的人文理念，成为了权力的象征。

·椅·

椅的名称原本为倚，倚靠是椅子的精神核心，椅子最初的目的不完全为坐，而是为坐时舒适。有倚靠的坐姿会使人肢体放松，得以休息。魏晋之后，西域文化随少数民族进入中原，带来了各民族之间的文化、思想碰撞，这一碰撞空前绝后。魏晋南北朝时期出现如此之多的名士及思想家、艺术家绝非偶然，是中华民族历来宽容的文化心态的结果。中华文化崇尚交融，从不死守恒定的文化观念，对外来文化中优秀的元素都是以加以利用的心态，终其成就。

以实物论，中国疆域中发现最早的一把椅子文物出土于今新疆尼雅古城遗址（图25），记载在斯坦因《西域考古记》中，这把椅子“腿作立狮形，扶手作希腊式的怪物”，斯坦因认为这把椅子的装饰在“印度西北

图26 宋 赵伯驌《风檐展卷图》（局部）台北故宫博物院藏

边省希腊式佛教雕刻中常见”，如确如此说，此椅应为传入，并非汉代的中国工匠所制作。按证据学理论，孤例不证。

椅子的图像大量出现是在佛教大举进入汉地之时，尤其南北朝至隋唐时期，椅子造型多样，西域特征明显，佛窟壁画以及传世早期绘画中，椅子的造型千奇百怪，无一定型；名称亦是如此，倚子、倚床，大致勾勒出椅子发展的脉络。

椅子的名称初现在中唐，而定型在宋之后，之前称谓仍是混乱的。“椅”字在《说文解字》中解释为“梓”也，不过是一个树种。宋人黄朝英在《靖康缃素杂记·倚卓》中载：“今人用倚卓字，多从木旁，殊无义理。”这一记载大致可推测出两宋之交，椅桌二字已开始流行，“倚卓”作为古字已渐渐远离生活。

倚字在汉语中的本义为凭靠，故有一种古家具叫凭几，亦称倚几（图26）。凭几是席地起居方式中坐时主要休息用家具，与隐囊同属一类家具。只不过两者略有不同，凭几前倚，隐囊后靠，与后来之椅有区

图27 南宋 摹周文矩《宫中图》（局部） 美国克利夫兰艺术博物馆藏

别。席地起居时，几伴随席而生，所以五席制配五几制。凭几乃倚靠之物，为长者尊者用，《礼记·曲礼》："大夫七十而致事，若不得谢，则必赐之几杖。"孔颖达疏："杖可以策身，几可以扶己，俱是养尊者之物。"因此楚汉大墓，规格越高，凭几就越精美。凭几在起居方式以席地为主的年代非常流行，直至唐代高型家具的普及，才逐渐退出历史舞台，成为文物。

唐代椅子尽管保留许多外来文化特征，但仍在汉文化的强大力量下明显改观，最终向着具有中国特色的椅子方向发展。看看五代顾闳中的《韩熙载夜宴图》，所有椅具已具宋椅风采，而五代周文矩《宫中图》中的椅子明显带有外来文化的特征（图27），这一特征过五代至宋逐渐消失。今天审视中国传统家具，凡坐具（包括椅凳）之西域文化特性，缘于各类外来因素传入中国，显然不存争议。

入宋，中国人的起居不再席地低坐，席已不再是"家具"，而成为家具的附件，离地而置于床、榻乃至炕上。以屏为室内陈设视觉中心的模式远离宋人生活，成为历史；以桌为室内陈设中心的模式固定下来，影响后世一千年。这种起居格局的变化，让中国人在不知不觉中适应了宋代以后兴起的程朱理学，让中国人在封建社会的后一千年学会规矩而拘谨。换言之，宋以后的中国人的行为准则，是宋代人定下的，繁杂而保守，所以陈寅恪讲："华夏民族之文化，历数千载之演进，造极于赵宋之世。"

·凳·

"凳"本义为"登"，《说文解字》释"登"为"上车也"，可见初为增高之用。残存的语言痕迹有"上马凳"，今天临时性增高依然常用凳。凳与椅最大的不同是凳无方向性，任何一个方向均可使用，不像椅使用时要选择方向。

魏晋之前，凳大致相当于唐宋以后流行的脚踏，《释名·释床帐》如此解释："榻登，施大床之前，小榻之上，所以登床也。"因此东汉《说文解字》中并无此字。但到了晋，《字林》中收有"凳"字，释为"床属"，此说与史吻合，登下加几字构成新字"凳"，应出于象形考虑；几字本身就被《说文解字》释为"象形"。

凳在今天是个标准词汇，口语中却常说杌凳、杌子，其来源古老。杌本指无枝之树干，想来古人截一段木头休憩为杌凳之前身。凳之功能由主要为踩踏增高到临时性休憩，走过了相当漫长的一段路程，它与椅一同在中华民族改变席地而坐的起居习俗中立下了汗马功劳。

凳的体量一般比椅小，故成为了临时性坐具；凳舒适度明显不如椅，但其使用方便亲切，尤其在非正式场合，显得气氛轻松，看一看唐

图28 唐 周昉《宫乐图》（局部） 台北故宫博物院藏

周昉的《宫乐图》（图28）就能体会凳与椅的不同。图中腰圆式凳仍明显带有西域之风，零散随意的摆放，加强了宴饮奏乐的欢乐气氛，从侧面说明了凳的功能。某种意义上讲，凳与榻形大桌的匹配，更多地保留了席地坐的习俗，寄托了唐人的怀古情感。

与《宫乐图》相得益彰的另一幅图出土于陕西长安县王村唐墓壁画《野宴图》（图29），依旧是一副宴饮模样，只不过没有宫中华丽，腰圆凳换成大条凳，独坐变为连坐，三人一凳，趺坐为主，此图更能说明漫长的历史文明进程中，改变习俗需要耐心，需要理解，需要适应。

凳的雏形一定为方形，实用为先。至唐宋，凳的外形日益丰富，圆凳、腰圆凳、月牙凳、梅花凳等异形凳已大量出现；家具以方形为主，异形家具似乎只可在“凳”这个门类中做文章，所以凳的外形丰富性超过其他类别的家具，可供发展的空间极大。

宋至明清，凳在坐具中忠实地履行自己的职责，外形再变，职责不变，以补充坐具的身份，在坐具中甘居其下，不动声色。即便是这样，由于居室一般呈方形，家具也以方形为主，圆形坐具——墩悄然入室，打破拘谨，使之生动，逐渐成为坐具另一个分支。

图29 唐《野宴图》（壁画局部）陕西历史博物馆藏

·墩·

墩本义为土堆，用于家具名称可能出于考虑与凳的区别。凳以细足落地，凳面另装，与其外形无关；而墩原指实心状，即便空心也使外形近似实心状，最常见的墩为鼓形，又称鼓墩。鼓墩有腔，引申所有墩亦有腔；因此器形饱满，在家具中装饰效果大于实用功能。

这一条在家具革命中非常重要。当装饰功能大于实用功能，说明家具在家居中产生了一个质的飞跃，这个飞跃将中国古典家具的精神层面拔高一节，让设计者之外的使用者在自觉不自觉中去领悟古典家具的内涵。因此说，墩在坐具中虽少见，但其重要性不可小觑。

追溯墩的出现，一定要说前文提到的筌蹄。在云冈、龙门石窟中都能看见菩萨身下的腰鼓式坐墩，这就是筌蹄。把筌蹄视为鼓凳的前身，有失偏颇。筌蹄为腰鼓式坐具，上下两头大，中间细，以力学道理要求，稳定性好。而宋以后流行的鼓墩却与此相反，两头细，中间粗，稳定性明显低于前者。

坐在鼓墩上一定要身体稳定，稍不小心就会倾翻，设计缺陷明显。

图30 五代 顾闳中《**韩熙载夜宴图**》（**局部**） 故宫博物院藏 | 图31 南宋 《**唐人春宴图**》（**局部**） 故宫博物院藏

但古人对鼓墩的要求不是完全为坐，而是为了调节居室中的陈设气氛，让一圆破方，满屋生动起来。

可能由于鼓墩的上述缺陷，在坐具中，墩的地位最低，《韩熙载夜宴图》的乐女坐墩（图30），乃坐者中地位最低者；《唐人春宴图》（图31）长卷展开，唐贞观年间十八学士宴饮将散，酒酣听曲，醉归吟唱，在卷后端有一仆坐于墩上，喘息独饮，尽头树下另有一墩，前后孤独无靠，远离主要宴饮场所，临时性家具特性了然——鼓墩好看却不好坐。

《宋史·丁谓传》记录一段历史：丁谓罢相，入对承明殿，“赐坐，左右欲设墩。谓顾曰：‘有旨复平章事。’乃更以杌进”。丁谓以宰相身份不坐墩坐杌，说明杌的地位高于墩。宋《萧翼赚兰亭图》（图32）中，一禅椅一鼓墩，一庄重一谦恭，主宾地位一目了然。文字记载与图像记载吻合，指向明确，即墩的地位明确低于凳的地位，使中国古典家具中的坐具像床、榻、枰一样，依然按椅、凳（杌）、墩排列，分出等级。

宋元明清，鼓墩装饰形象常与儿童匹配，多半因为画面追求生动，圆比方灵动，与儿童配之相得益彰。《戏猫图》（图33）相传宋人作，画面分析应为明人所画，群猫嬉戏，画面中心置一绣墩，两猫出入其间，妙

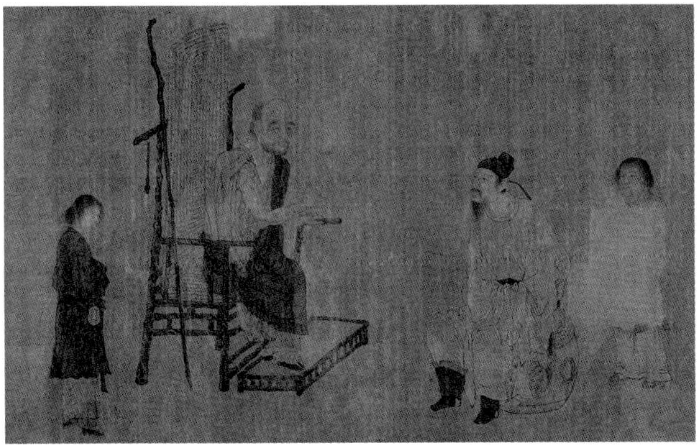

图32 宋《萧翼赚兰亭图》（局部）故宫博物院藏 | 图33 宋《戏猫图》（局部）台北故宫博物院藏

趣横生；这些画面将鼓墩置于画面中心，意图清晰，注重圆形家具的特殊性，发掘其美学价值。

·宝座·

宝座为特指家具，百姓不得染指。最初宝座是指神座、佛座、帝座，高高在上，不得僭越。明清以后多指皇帝专用坐具，在皇宫以及行宫布置，以供天子安坐。宝字本义中含有帝位之意，古代天子诸侯以圭、璧为符信，泛指宝。秦始皇统一天下后，帝后之印称玺，唐武则天称帝时改称宝，宋以后沿用。明清两朝宝玺并用，以宝为主，故宝座乃皇帝之座（图34）。

皇帝之座显然要符合礼仪规范，维护皇家尊严，今天尚能看见的明清宝座实物，尽管尺寸不一，形制有别，但其设计原则明晰，不含混，不糊涂。把皇家之威、天子之尊放在第一位考虑，是宝座设计的首要原则，其他一切都要为此让步。

宝座至少在南北朝时期就出现了，这个时期已进入国人起居方式

图34 清乾隆 **紫檀福庆龙纹象足宝座** 观复博物馆藏

改变的后期，坐姿已以垂足为主了。南朝梁刘孝绰《答云法师书》中有“亲陪宝座，预餐香钵”之句；简文帝在《大法颂》中吟诵：“峨峨宝座，郁郁名香。”此时的宝座似乎都为宗教所设，与皇家无涉；但明清以后宝座就是皇家的专属了，当时的小说中描写宝座的地方很多，比如《儒林外史》第三十五回：“宫女们持了宫扇，簇拥着天子升了宝座。”《水浒传》第八十二回：“天子亲御宝座陪宴。”由此可见，宝座在宫廷与民间已被广泛认知。

作为坐具，宝座与其他类别的坐具有本质上的不同，它的设计初衷并不是椅形，而是罗汉床形，简单地说，宝座不是放大了的椅子，而是缩小了的床。这并不奇怪，宝座的设计与我们早期传统的起居习俗有关。席地坐的民族主人睡卧的地方是待客中心，夜间睡觉，白天铺盖一卷，立个屏风就可以待客，汉以前的几千年就是这样。当席地坐的习俗改变之后，待客仍需要中心，以桌为中心的室内布局开始了，尤其民

图35 清 **紫檀七屏风式大宝座** 颐和园藏

间，把方桌置于视觉中心，一边一把椅子，尊左待客。

但宫廷里没有谁敢与皇帝平起平坐。宝座单置，屏风置后，既保留了古老的席地坐传统，又为垂足坐的布局打开了崭新局面。注意一下故宫中宝座的布置，凡有宝座的地方，其身后必定设置屏风，规制严谨，从无疏漏。宝座为皇帝所做，尺寸巨大，目前已知的最大宝座藏于颐和园，长295厘米，高185 厘米，深140 厘米（图35），宝座之长，长于任何一张床；宝座之高，也高于任何一张罗汉床，这样尺寸的宝座，不管谁坐在上面都不会舒适，任何一面都不能倚靠，扶手与靠背似乎失去了意义，让万人瞩目的天子坐在这样一件不舒适的坐具上到底是为了什么？

尊严第一，舒适第二。中国古典家具的设计原则，最主要的都体现在坐具上，坐具之中最具典型的就是宝座。当尊严与舒适发生冲突，毫无争议地舒适一定让位于尊严，这就是中国古典家具受到国人乃至全世界尊重的根本原因。

宝座是中华民族改变起居习俗后新创造的家具，在已知的家具品种中，宝座最具精神内涵。它不仅仅是一种至高无上的家具，它还曾是中华民族社会制度的权力象征，也是统治者的精神家园。当历朝历代的统治者坐在宝座上倾听民生的一刻，正是当时社会万民欢呼的时候。尽管皇帝与百姓未必知道宝座的全部含义，但社会秩序中的象征——宝座却默然地履行了历史赋予它的职责。

结　语

中华民族以其敏锐的观察力及宽容的襟怀，由席地坐改变为垂足坐，对后世影响巨大。起居方式的改变直接左右了中华民族文明的进程。不能设想，中华民族如坚守席地而坐的习俗至今，我们的文化将会是什么样子。纵观中华民族的文明进程，我们既有亚洲地区传统的席地低坐的历史，又有向欧洲大陆学习来的垂足高坐的文明。我们民族把席地坐和垂足坐两大起居方式融为一体，在世界民族起居史上独树一帜（图36）。

中华民族从形式上彻底告别了席地坐的生活方式，但骨子里仍保留了席地坐时形成的意识，以及文化形态。我们在吸取外来文化精华的同时，加强了自身文化的建设。某种意义上，以农耕文化为主体的汉文化在几千年的演进中，在与游牧文化、渔猎文化，乃至海洋文化的交流中，不拒绝一切外来文化中优秀的元素，形成了独特的优势，使中华民族的文化日益强大，世界四大文明古国中，只有我们顽强延续至今。

家具是人类文明生活必需，其历史的遗存都是文明的坐标；坐具

图36 宋 《十八学士图》（局部） 台北故宫博物院藏

又是家具中的原点，决定了其他诸如承具（桌案）、庋具（柜架）、卧具（床榻）、杂具（屏台）等家具的走向；家具文化证明了我们的起居文化，提示了我们的思维方式。所以说，古代家具作为文化证物，清晰地证明了我们有怎样的精神世界，这个精神世界就是我们民族文化的内涵，它超越了物质的表达，形成了抽象的意义，使我们今天在物质生活中还能享受先贤为我们创造的精神文明。

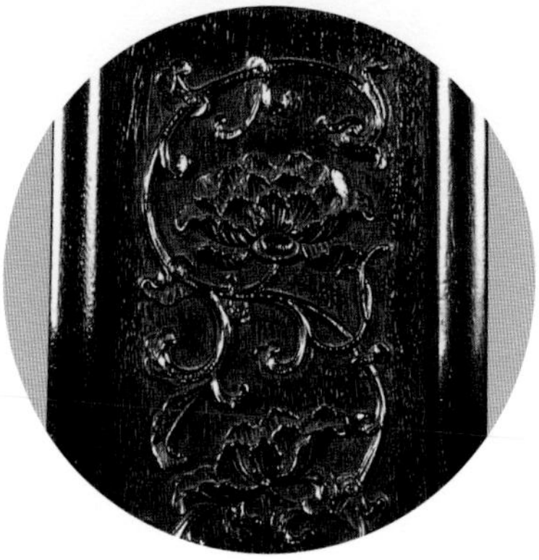

紫檀

〇一
紫檀五屏风式卷书搭脑扶手椅（对）

清乾隆
长六六、宽五二、高一〇六厘米

五屏风式
层层高
靠背板雕蝠与磬
寓意「福庆有余」
饰拐子纹
具有模压感
为紫檀特殊的表现力

〇二 紫檀西番莲纹三弯腿扶手椅（对）

清乾隆

长六七·五、宽五二、高一〇六厘米

尺寸较大
靠背板雕缠枝西番莲
三弯腿
曲线优美
足部回旋为卷草状
洛可可风格
中西文化交融
乾隆盛世流行

〇三 紫檀「风光和雅」嵌大理石拐子扶手椅

清乾隆

长六七、宽五三、高一〇五厘米

通体饰拐子纹
线条简洁
靠背板凸雕「风光和雅」
下嵌云石
与文字情趣相和
造型端庄

扫码了解文物背后的故事

这是一把清代的拐子太师椅，也叫扶手椅。“拐子”是怎么来的呢？拐子，有一别名叫“拐子龙”，说明原来拐子的位置是有龙头的，后来进行了符号性的缩减，缩减以后就成了这种简洁拐子的样式。

从设计的角度讲，拐子具有空间设计的优点，使之优于一般设计。这把椅子在清代拐子直靠背扶手椅中当为第一。首先是用料好，是紫檀的；其次是上面凸雕出文字，一般凹刻容易，凸雕就难了。椅子上是什么字呢？“风光和雅”，与椅子造型很配，非常吉祥风雅。

这把椅子整体风格四平八稳，清代的椅子就是这个特点，横平竖直，所有相接的地方都是直角关系，我们坐在上面不会太舒服。但是古人的椅子的设计原则就是：尊严第一，舒适第二。

○四
紫檀嵌瘿木攒背扶手椅（四件）

清中期
长七〇、宽四九、高一〇九·五厘米

清式扶手椅
体现庄重感
靠背板及扶手攒拐子
搭脑壮硕
下方嵌瘿木
平添纹理变化
四具成堂，尤为难得

○五
紫檀堂肚壸门素圈椅（对）

清中期
长六一、宽四六、高一〇〇厘米

圈椅，又称「圆椅」全素，朴实无华靠背板呈「S」形前腿及鹅脖一木连做壸门线条平缓优美体现明式精髓

〇六 紫檀福庆纹圈椅（对）

清中期

长五九、宽四六、高九六厘米

靠背板雕蝙蝠衔磬

寓意「福庆有余」

扶手一端表现为扁珠形

俗称算盘珠

清式经典

○七
紫檀牡丹纹四出头官帽椅（对）

清康熙
长五四、宽四五、高九八厘米

搭脑及扶手均出头
俗称「四出头」
造型四平八稳
攒靠背板
雕牡丹三枝
迎风摇曳

〇八

紫檀全素四出头官帽椅（对）

清早期

长四八・五、宽五五・五厘米

高九七厘米

椅具重心靠下

颇具稳重感

靠背板呈「C」形

搭脑及扶手弧度大

追求线条变化

○九
紫檀草龙纹带枕四出头官帽椅（对）

清早期
长六〇·五、宽四六厘米
高一二〇·五厘米

造型舒展，搭脑带枕
素靠背板
出头处外撇
形成角度变化
壶门牙子雕草龙
装饰重心下移

扫码了解文物背后的故事

一〇 紫檀螭龙纹罗锅枨南官帽椅

清早期

长六〇、宽四八、高一〇〇厘米

前腿及鹅脖一木连做
步步高管脚枨
罗锅枨加矮老
靠背板减地浮雕圆开光螭龙纹
刀法圆润
画龙点睛

这是一把紫檀的南官帽椅，搭脑和扶手均不出头，靠背板雕刻螭虎纹，文雅内敛。与清式的直背扶手椅比较起来，这把官帽椅多了一些曲度，它的扶手有曲线，靠背板也有明显的曲线。椅子后面的靠背板由其弧度可分为两种，一种是“S”形靠背板，还有一种是“C”形靠背板。

这把椅子的联帮棍是方形的，尽管一头大一头小，但它也是方形的。椅子前面采用罗锅枨加矮老的一种挡板，使它保持了整体的通透性。虽说这把南官帽椅用的方材，但你拿手攥的时候，能感觉到方中带圆，使本来比较刚硬的椅子带有一丝柔和。

椅子为藤面，是编织非常细致的老藤席，上面有花纹，侧光看的时候能看得清清楚楚。

一一

紫檀攒背板南宫帽椅（对）

清中期

长六七、宽四四·五、高九九厘米

木质细腻，色幽深

攒靠背板

起亮脚

装饰单纯

雅素实用

一二

紫檀海棠式梳背椅（对）

清早期

长六五、宽四五、高八二厘米

梳背垛边，椅面委角

形成四瓣海棠样式

圆柱六足

双层管脚枨与之呼应

造型少见

新奇秀丽

一三
紫檀高卷书式搭脑禅椅

清早期

长七〇、宽五六、高九六厘米

矮型圈椅式

罗锅枨，双环卡子花

攒背板

搭脑冲出，呈卷书式

平添文人气息

一四
紫檀福庆纹大禅椅

清中期

长六九、宽六六、高一〇四厘米

体型大

宜打坐

券口、牙子、腿足

均雕出精致拐子

背板饰「福庆有余」

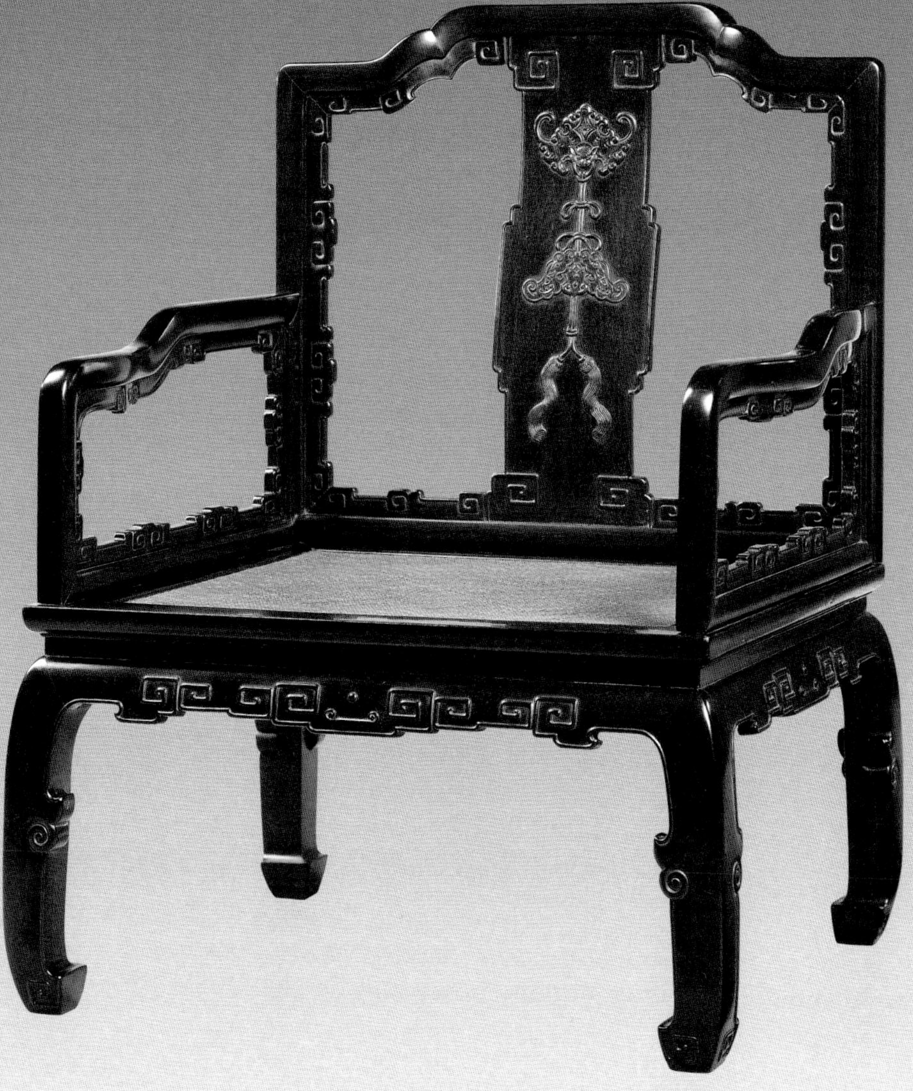

一五 紫檀鼓腿彭牙方凳

清早期

长四六、宽四六、高五〇厘米

腿外鼓

足内翻

牙板处雕如意云头

鼓腿彭牙

器形饱满

一六 紫檀罗锅枨加矮老圆裹圆禅凳（对）

清早期

长六六、宽六六、高五一厘米

罗锅枨加矮老

圆裹圆

标准造型

常用于打坐

修身养性

一七
紫檀西番莲纹裹足方凳（对）

清乾隆
长五八、宽五八、高五二厘米

西番莲雕饰器身
束腰处镂雕如意云头
装饰手法特殊
足部饰莲瓣状丝织物
层层包裹
以坚硬表现柔软

一八 紫檀仿石雕蕉叶纹方凳（对）

清乾隆

长五二、宽五二、高五二厘米

方凳，带托泥

雕蕉叶

雕如意云头

雕西番莲

仿石雕效果

一九
紫檀西番莲纹带托泥方凳（对）

清乾隆
长四二、宽四二、高五一厘米

通体饰西番莲
密集繁复
足部外翻
置托泥
西风东渐，中西合璧之作

二〇　紫檀鱼门洞束腰方凳

清中期

长六〇、宽六〇、高五〇・三厘米

边饰回纹
束腰处掏鱼门洞
仿古玉纹饰
线条细韧
利落精神
做工讲究

二一
紫檀嵌大理石
仿藤鼓凳（对）

明晚期
直径三六、高四八厘米

圆形大理石面心
上下各饰一圈铜钉
仿藤编效果
费工费料
造型经典
浑圆饱满

二三
紫檀嵌景泰蓝鼓凳（对）

清乾隆
直径二九、高四九厘米

圆凳形状似鼓
称为「鼓凳」
凳面及身嵌景泰蓝
富丽堂皇
典型宫廷做工
两种工艺结合
美感独特

二三 紫檀嵌大理石鼓凳（对）

清乾隆

直径三九、高五一厘米

花形凳面

中心嵌圆形大理石面

四腿，内翻马蹄足

带托泥

牙子雕出如意及转珠

雕工细腻

黄花梨

二四 黄花梨靠背板花卉纹圈椅（对）

明晚期

长六十、宽四六・五厘米

高一〇〇厘米

造型端庄

靠背板假攒

上方开光饰如意卷草

下方饰山石花卉图

壶门雕舒展卷草

文人意味十足

二五

黄花梨靠背板麒麟纹圈椅（对）

明晚期—清早期

长五八、宽四六、高九六厘米

攒靠背板，高起亮脚

两开光

圆开光，饰花鸟

方开光，饰麒麟

鸟振翅，麒麟半跪

姿态生动

扫码了解文物背后的故事

这是一对黄花梨圈椅。我们先说靠背板，过去认为独板的靠背板价值高，这种攒框的价值低。现在则不一定，这种攒框靠背板比做一块板的麻烦。独板的一块木头切割好就行，攒框的得先做一个方框。这对圈椅靠背板的中心挡板有两层装饰图案，上一层雕刻的是花鸟，下一层雕刻的是麒麟。

这把椅子还有一个特征：鹅脖的位置向后挪了。过去讲后腿的立柱和后腿“一木连做”，前面的鹅脖和前腿也“一木连做”，是明式家具的典型特征（其实不一定）。这个前腿跟鹅脖是错位的，那就是“两木分做”。两木分做的好处是比一木连做好看，缺点是不如一木连做的结实。

二六
黄花梨靠背板双龙纹
带飞牙子圈椅（对）

明晚期
长五九、宽四五、高九八厘米

靠背板纹理流畅
如意云头开光
内雕双草龙
旁饰飞牙
衬托背板

二七
黄花梨双开光双龙寿字纹圈椅（对）

明晚期

长六一、宽四八、高一〇八厘米

圈背圆润自然

券口雕精致拐子纹

靠背板双开光

上雕草龙

下雕「寿」字

装饰风格独特

二八
黄花梨罗锅枨加矮老椭圆卡子花圈椅（对）

明晚期

长六一、宽四五、高九八厘米

前腿与鹅脖一木连做
步步高管脚枨
罗锅枨加矮老
正面一椭圆形卡子花
打破传统组合
平添情趣

二九

黄花梨绦环板圈椅（一对）

明晚期

长五四、宽四〇、高八六厘米

扶手不出头

与鹅脖直接连接

弧线圆滑

三面装饰栏杆式绦环板

牢固美观

联帮棍造型设计独特

三〇
黄花梨带壶门四出头官帽椅（对）

明晚期

长五七、宽四五、高一一六厘米

通体全素，搭脑带枕

壶门处略有设计

木色温润

纹理流畅

韵味十足

三一
黄花梨镂空福字纹四出头官帽椅（对）
明晚期
长六一、宽五〇、高一一三厘米

靠背板上做文章
上部镂空「福」字
中间嵌长方瘿木
下部镂空如意云头
工艺独特
整体大气

扫码了解文物背后的故事

三二

黄花梨嵌青花龙凤纹瓷板四出头官帽椅

明晚期—清早期

长五八、宽四五、高一〇四厘米

线条平直无曲线
靠背嵌青花瓷板
一圆一方
一龙一凤
典型晚明特征
腿与椅面相接
造型罕见

从某种意义上说，这把椅子的功能不在使用，而在欣赏，能看出设计者的头脑特别清晰。

这把椅子选用了最优质的黄花梨木，它最大的特征是刚硬。为什么呢？因为它全部采用方材，设计中多用直角，显得很硬朗。可以说，这是设计得最为刚直的明代椅具之一。

这件家具下半部分的设计也很有意思，壶门部分没有牙板，腿部也没有牙板，极为空阔，能一览无余，这在家具设计尤其明式家具设计中很少见。

靠背板中间有两块瓷板，帮我们提供了判断的依据。瓷板大约是明末清初的，上面为青花龙纹，下面为青花凤纹，龙凤呈祥，还保留了明代瓷器的一些特征。

三三
黄花梨刻诗文四出头官帽椅（对）
明晚期
长五九、宽四五、高九四厘米

通体方材
步步高管脚枨
靠背板阴刻诗文
文人气息浓郁
装饰风格少见

三四
黄花梨嵌大理石
四出头官帽椅

明晚期
长五九·五、宽四七·五厘米
高一二〇厘米

挺拔稳健
靠背板曲线大
嵌大理石
软硬相兼
强调意趣

三五
黄花梨带枕券口四出头官帽椅（对）

明晚期
长五八、宽四四、高一一七·五厘米

经典造型
出头处修饰浑圆
靠背板光素
用料阔绰
强调质感

三六
黄花梨全素四出头刀子牙板官帽椅（对）

明晚期

长五五、宽四七·五、高一〇四厘米

通体全素
造型舒展
木纹通达
如行云
如流水
赏心悦目

三七
黄花梨镂如意云头南官帽椅（对）

明晚期

长五八、宽四八、高一〇九厘米

方材
线条平直
靠背板镂空如意云头
曲线装饰唯一
素雅大方

三八

黄花梨百宝嵌花鸟纹南官帽椅

明晚期

长六〇、宽四五、高一一三厘米

靠背板嵌百宝

玛瑙、青金、贝壳

折枝花鸟图案

布局疏朗

锦上添花

扫码了解文物背后的故事

这是一把非常漂亮的黄花梨南官帽椅，带有百宝嵌工艺。明代到清代初期的时候，家具上比较流行使用百宝嵌工艺来做装饰。这件椅子上面百宝嵌的状态很好，构图完全是一幅中国花鸟画。

这椅子经过简单的修复，基本上保持了原始的状态。搭脑的过渡做得非常丰润，靠背板是“S”形的，倚靠上去非常舒适。下半部分的壶门是标准的明代壶门，没有起线，做得很干净，牙板也保持得很好。

三九

黄花梨拐子牙板带枕
南宫帽椅（对）

明晚期

长五八、宽四五、高一〇〇厘米

搭脑设枕
倚靠舒适
壶门设计拐子纹
边起阳线
精神利索

四〇

黄花梨虎皮纹南官帽椅（对）

明晚期

长六〇、宽四八、高一〇三厘米

扶手镶铜活
壶门线条平缓流畅
靠背板黄花梨木纹独特
层层纹理
如虎之皮毛
选材刻意

四一
黄花梨镂空草龙纹南宫帽椅（对）

明晚期
长五八、宽四七、高九四・五厘米

造型稳重端庄
攒靠背板
镂空雕团龙
髯上扬
尾呈卷草
晚明特征

四二
黄花梨卷草牙子南官帽椅
明晚期
长六一、宽四六、高一一九厘米

标准明式椅具
壶门牙板起灯草线
缠枝卷草，富于弹性
于固定模式中增添变化
气质收敛
温文尔雅

四三
黄花梨五屏风式玫瑰椅

明晚期
长六〇、宽四五·五、高八一厘米

五屏风式
扇形椅面
前宽后窄
壶门线条夸张
中置圆开光
透雕一凤于花丛之中
另四屏委角开光
透雕花鸟

四四

黄花梨弧面梳背椅（对）

明晚期

长五八、宽四四、高九二厘米

梳背平直规整

靠背上方饰团龙卡子花

座面弧形

腿足间仿藤制结构

造型秀丽

四五

黄花梨双环卡子花梳背椅（对）

清早期

长五六、宽四二、高八八厘米

背如梳
点缀双环卡子花
垛边设计
方框相连
稳定感强

四六
黄花梨带枕灯挂椅
明晚期
长五一·五、宽四二厘米
高一一六·五厘米

搭脑中心设枕
便于倚靠
正面壸门利索干净
两侧罗锅枨加矮老
无扶手
入座方便

四七
黄花梨罗锅枨加矮老带枕灯挂椅（对）

清早期
长四九、宽四二、高一一四厘米

光素
罗锅枨加矮老
搭脑中心设枕
两出头
如挂灯之支架
故称灯挂椅

扫码了解文物背后的故事

四八

黄花梨卷草纹马扎

明晚期

长五四、宽三五、高五三厘米

古称胡床

俗称马扎

可折叠，便于携带

边饰卷草纹

设脚踏

饰方胜铜活

马扎和交椅，天然有一个因缘关系，不用说也能看懂。马扎双腿交叉，可以折叠，便于移动。交椅的下半部跟马扎一样，上半部加了靠背和扶手，这样可以使人充分休息。

交椅在中国所有的椅具中，保留下来的非常少。交椅便于移动，适合外出使用，它有一个名称叫“行椅”；打猎时使用也可以叫“猎椅”。交椅一般都会由地位最高的人坐，因此后世演变成权力的象征，就是我们所说的“第一把交椅”。

当这两种坐具放在一起的时候，能联想到马扎是使中国人由低坐、席地而坐到高坐的功臣家具。如果没有马扎，中国人可能今天还坐在地上。交椅的出现，则使中国人在高坐的基础上更加舒适。

四九
黄花梨双龙纹交椅

明晚期
长六三、宽四五、高一〇一厘米

前身胡床
宋代定型
用料讲究
靠背板雕如意云头
椅身雕双龙纹
多处使用白铜件
演变为权力象征

五〇

黄花梨直背躺椅

明晚期

长一三二、宽七一、高九六厘米

扶手长而平直

靠背后倾

搭脑处设计一枕

躺靠舒适

可拆卸叠放，方便搬移

大面积使用藤编

适用于夏日消暑

五一
黄花梨三弯腿罗锅枨
长方凳（对）

明晚期
长五三、宽四五、高五一厘米

席面，长方形
三弯腿
足部外翻呈如意云头
罗锅枨
造型洗练

五二

黄花梨垛边罗锅枨加矮老长方凳（对）

清早期

长六二·五、宽四八·五厘米

高四八·五厘米

席面，圆腿

垛边设计

罗锅枨加矮老

圆裹圆

柔和流畅

五三

黄花梨高起罗锅枨方凳（对）

明晚期

长五九、宽五九、高六七厘米

选用细材

罗锅枨高起

俗称「出门就拐弯」

独具特点

卡子花点缀

增添细节魅力

五四

黄花梨罗锅枨长方凳（四件）

明晚期

长四七・七、宽四二・五、高四九厘米

一套四件

展示修复过程

一为发现时状况

二为褪漆后展示结构

三为编藤面，修复中

四为恢复原状

扫码了解文物背后的故事

一

三

这四件方凳的样子看着有点怪，它们为什么会是这样子呢？这是历史造成的。

我们历史上对家具是有所追求的，尤其是当我们生活过得好的时候，比如明朝晚期、康乾盛世，当时的富裕阶层和文人做的家具都非常讲究，一讲究材质，二讲究设计。

我们可以看到这一套四件最普通的方凳，选用了黄花梨木料，它们在明末清初的时候应该是图四的样子。但在漫长复杂的历史损耗中，渐渐变成了图一的样子。

我们把这四件方凳全部修理了，但又没有完全修理，而是保留了过程，每一件方凳代表一个修复状态。

二

四

五五

黄花梨如意卡子花方凳（对）

明晚期

长四七、宽四七、高五〇厘米

藤面

直腿直枨

如意形卡子花

通体打洼处理

打破平淡

寻求变化

五六

黄花梨垛边罗锅枨加矮老方凳（对）

明晚期

长五九、宽五九、高五〇·五厘米

用料壮硕

垛边

罗锅枨加矮老

圆裹圆

线条柔和

五七
黄花梨狮首罗锅枨方凳（对）

清早期
长五七、宽四七、高五一厘米

直腿
足部内翻马蹄
罗锅枨
四角浮雕狮首
怒目张口
装饰华丽

红木

五八
红木福禄寿纹太师椅（对）

清中期

长六二、宽五二、高一〇四厘米

典型清式家具
靠背攒拐子龙纹
龙头相向
背板雕纹饰
蝙蝠、官印、寿桃
寓意福禄寿

五九

红木寿字纹攒拐子

太师椅（对）

清中期

长七〇·五、宽五二·五厘米

高一〇二厘米

体型壮硕

靠背板及扶手攒拐子

中心凑出「寿」字

细节亦饰拐子纹

搭脑蝙蝠从天而降

寓意「福寿双全」

六〇

红木拐子纹太师椅（四件）

清中期

长五四·五、宽四五·五厘米

高九三厘米

小巧

细藤面

靠背雕工细腻

座面前端凹进

清中期后流行

六一

红木全素圈椅（对）

清中期

长六二、宽四八、高九八厘米

造型舒展
简洁大方
追摹明式
不琢一刀
以线条取胜

六二

红木双龙捧寿纹圈椅（一对）

清中期

长五八、宽四五、高九九厘米

靠背板厚重

深雕圆光双龙纹

起亮脚

鹅脖后移

典型清早期造型

六三
红木攒背四出头官帽椅（对）

清中期

长五二、宽四〇、高九六厘米

攒背设计
以横枨连接
错落有致
座面及枨呼应
造型小巧

六四

红木两出头南官帽椅（对）

清中期

长五七、宽四四、高一〇一厘米

造型少见

搭脑不出头，扶手出头

用料不吝

壶门舒展

地域文化特征明显

六五
红木寿字纹
南官帽椅（四件）

清晚期
长六〇·五、宽四六·五厘米
高一〇八厘米

方材
用料不吝
前后腿一木连做
平板座面
靠背板雕「寿」字

六六
红木攒背
南官帽椅（对）

清晚期
长五六、宽四四厘米
高九五·五厘米

靠背攒框
芯板落膛起鼓
后倾弧度较大
扶手多一落差
呈现晚清特征

六七
红木禅椅（对）
清中期
长六七、宽六一、高九〇厘米

椅面纵深
用于参禅打坐
扶手为常规一半
前端留出盘腿空间
靠背位置较低
正抵腰部
设计独具匠心

扫码了解文物背后的故事

这对椅子从比例上看很奇特，椅面宽、大、深，同时靠背又很矮。它是干什么用的呢？

这种椅子叫“禅椅”，它有一种特殊的功能——打坐。禅椅的扶手没有抵到头，空了二十多厘米，这是给打坐的人留出盘腿的空间。因为是打坐的椅子，所以靠背板不需要太高。搭脑伸出，坐在上面搭脑正好顶住后腰眼，会非常舒服。

六八

红木逍遥椅

清中期

长一一三、宽六一、高九八厘米

椅硕大

靠背后倾，扶手加长

便于放松身体

用途特殊

古人生活

可见一斑

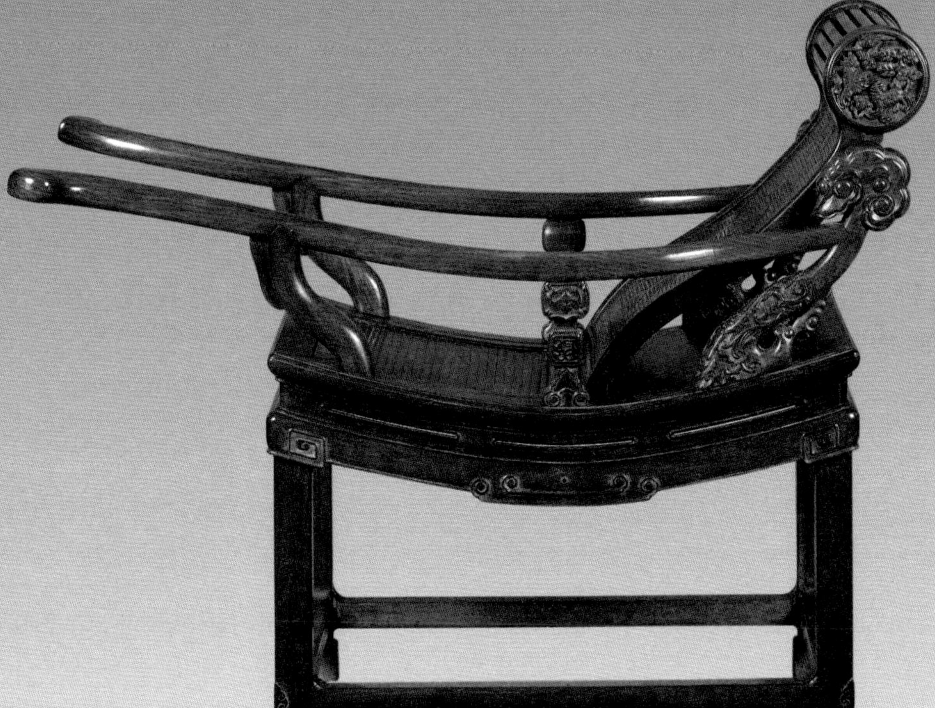

六九
红木柿蒂纹灯挂椅（对）

清中期
长四六、宽三八、高八一厘米

无扶手
罗锅枨加矮老
靠背板雕柿蒂纹
玲珑可爱
小巧精致

七〇
红木幼儿椅

清中期
长四四、宽三四厘米
高八九厘米

为幼儿所制
圈椅造型
扶手处安一活动横枨
保证安全
下方设抽拉踏板
承托双脚
设计周到

扫码了解文物背后的故事

这是一把幼儿椅，今天到餐厅里吃饭，经常可以看到类似的椅子，让小孩子坐在上面。中国人是什么时候开始用这种幼儿椅的呢？比你想象的要早。比如这把椅子，至少有二百年历史，大约清代乾隆年间就有了。

幼儿椅的结构很有意思，它的扶手处有一个弧形的枨，连接扶手两端。小孩子坐上去，这根弧形枨会起到拦挡作用，小孩子坐在里面很稳，不会掉下来。枨两端以榫卯构成一个“锁”，打开后可以取下弧形枨。

椅子下方还有一个可活动的脚踏板，拉出来，孩子脚正好踩在上面，坐着就比较舒服。

七一 红木打洼方凳（对）

清中期

长四二、宽四二、高五〇厘米

双打洼
单打洼
随度而形
牙板中间垂如意云头
突出变化

七二 红木矮老方凳

清中期

长四九·五、宽四九·五厘米

高五〇厘米

圆腿圆枨

四矮老，亦为圆材

形制罕见

空间分隔为多个方形

做工费时费料

整体坚实

七三
红木福从天降纹
小方凳（对）

清晚期
长四八、宽四八、高五一厘米

横枨设计独特
中饰蝙蝠，体量硕大
俯视
意为「福从天降」
清中期后一度流行

七四 红木嵌大理石面双鱼纹鼓凳

清中期

直径四二、高五〇厘米

造型饱满
面嵌大理石
雕五组相向鱼纹
上绕蝙蝠
下托玉璧
文化气息浓郁

扫码了解文物背后的故事

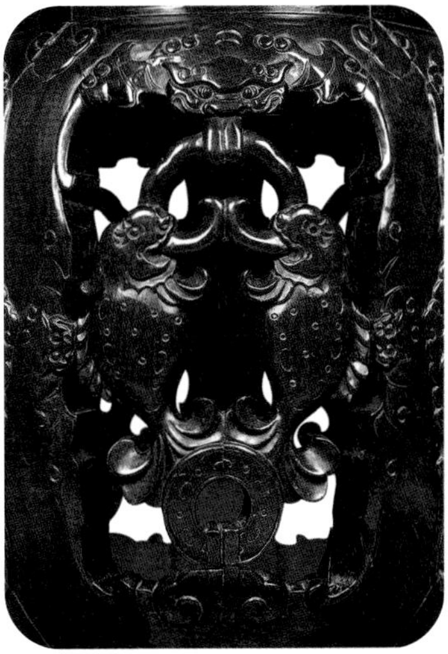

这件凳子有个名字，叫“鼓凳”。为什么叫鼓凳呢？因为它的形状是圆的，像个鼓。鼓凳在所有的凳子里，造型算是最为丰满和壮硕的。

鼓凳还有一个名字，叫“绣墩”。过去凳子上面会用一块绣布将它罩起来，既增加了舒适的使用体验，又好看美观，我们在一些古画中都可以看到，所以这种圆凳也被叫作绣墩。

这件鼓凳用料大方，设计巧妙。凳面镶嵌黑白相间的大理石，凳身五处开光，开光处的图案是“吉庆有余”——一只大蝙蝠衔着两条鱼，双鱼对立，呈现出“磬”的造型。

七五
红木仿藤编鼓凳（四件）

清中期

直径三八・五、高四五厘米

追摹藤编
古画中常见其身影
设计独特新颖
座面嵌瘿木
变换装饰

堂

寶

鸡翅木

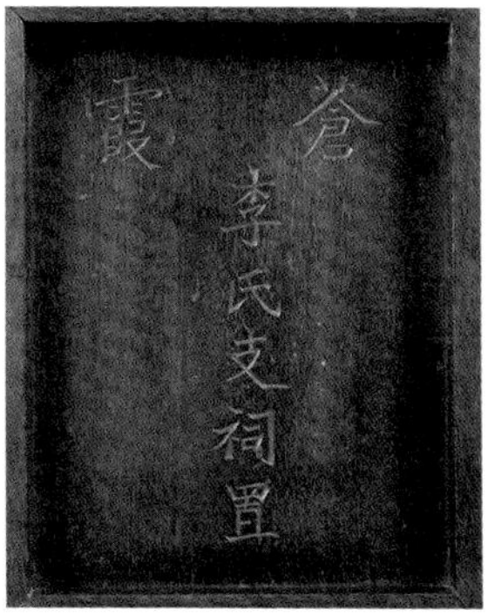

七六
鸡翅木攒拐子扶手椅（一对）

清中期
长七一、宽五〇、高一一〇厘米

用料大，椅壮硕
优美纹理清晰可见
方正端庄，四平八稳
靠背及扶手攒拐子
搭脑两端云纹
注重细节
靠背板后刻铭文
祠堂所用

七七

鸡翅木南官帽椅（对）

明晚期

长五七、宽四六、高九九厘米

朴素无纹

强调曲线变化

罗锅枨加矮老

造型经典灵巧

七八
鸡翅木卡子花梳背椅（四件）

清中期
长五七·五、宽四五·八、高八五厘米

四件成套
中间设计联珠梳背
点缀卡子花
双环、博古、花卉图案
富于变化

七九
鸡翅木霸王枨长方凳

清早期

长五〇、宽四一、高五三厘米

敦厚平易
朴素无华
带托泥
霸王枨
结构结实

善德堂

其他

八〇 剔红花鸟纹南宫帽椅（对）

清中期

长六一、宽四八、高一一三厘米

通体剔红

靠背及座面均饰花鸟

富丽精致

观赏大于实用

古人生活奢华

此为例证

后　记

为坐具单独出版一本书是因为坐具在中华文明起居史上的重要地位。席地而坐的起居方式曾长时间地主导中国人的生活。中华文明形成的初期，低坐深刻地影响了中国人的思维，让古人习惯以低角度观察社会，得出结论。

中华民族是极为宽容的民族，永远以一种愉悦的心态看待外来文明。在这块富饶与贫瘠共生的土地上，农耕文化曾反复被游牧文化、渔猎文化侵扰，许多时候甚至结下怨恨；但农耕文化笼罩下的先民仍以宽厚的襟怀，接受并享受外来文化带来的便利，不疾不徐，在生活中逐渐改造了它，使之深深地烙上自己文化的烙印。

在历史的推进中，先人把一切文明的长处都化为己有。中华民族海纳百川的心态是世界上任何一个民族所不及的，所以时至今日，全亚洲地区只有我们一个国家彻底告别了席地坐，其他国家依然不同程度保留了低坐的习俗。

我们的观念改变着我们的行为。坐具的产生一步一步地走完了演进的文明之路。这本书留下的只是证据，证明我们的民族在这条路上走得艰辛，走得快乐；走得坎坷，走得幸运。让我们在两千年之后有机会回顾自己的起居方式，感受一下古今文明的差异，体会一下先人生活的难易。

2009.7

本书初版曾于2009年问世，此次再版修订，加上了与时俱进的短视频，上海古籍出版社为之操心勠力，让书以新面目呈现，令人欣慰。今天重读本书，仍有新鲜感，可见中华文化之魅力。

再版补记。

2022.7

马未都

图书在版编目(CIP)数据

坐具的文明 / 马未都编著. —上海: 上海古籍出版社, 2023.4

ISBN 978 - 7 - 5732 - 0125 - 6

Ⅰ. ①坐… Ⅱ. ①马… Ⅲ. ①家具–历史–中国 Ⅳ. ①TS666.20

中国版本图书馆CIP数据核字(2021)第244436号

坐具的文明

马未都 编著

上海古籍出版社出版发行

(上海市闵行区号景路 159 弄 15 号 A 座 5F 邮政编码 201101)

(1) 网址: www. guji. com. cn

(2) E-mail: guji1 @ guji. com. cn

(3) 易文网网址: www. ewen. co

上海雅昌艺术印刷有限公司印刷

开本 710 × 1000 1/16 印张 12.5 插页 4

2023 年 4 月第 1 版 2023 年 4 月第 1 次印刷

印数: 1—8,000

ISBN 978 - 7 - 5732 - 0125 - 6

K · 3071 定价: 108.00 元

如有质量问题, 请与承印公司联系